Nome:

Professor:

Escola:

Eliana Almeida • Aninha Abreu

Vamos Trabalhar

Raciocínio lógico e treino mental

5

TABUADA

Editora do Brasil

Dados Internacionais de Catalogação na Publicação (CIP)
(Câmara Brasileira do Livro, SP, Brasil)

> Almeida, Eliana
>   Vamos trabalhar 5: raciocínio lógico e treino mental / Eliana Almeida, Aninha Abreu. – 1. ed. – São Paulo: Editora do Brasil, 2019.
>
>   ISBN 978-85-10-07515-2 (aluno)
>   ISBN 978-85-10-07516-9 (professor)
>
>   1. Matemática (Ensino fundamental) 2. Tabuada (Ensino fundamental) I. Abreu, Aninha. II. Título.
>
> 19-26569   CDD-372.7

Índices para catálogo sistemático:
1. Matemática: Ensino fundamental 372.7
Maria Alice Ferreira - Bibliotecária - CRB-8/7964

© Editora do Brasil S.A., 2019
Todos os direitos reservados

Direção-geral: Vicente Tortamano Avanso

Direção editorial: Felipe Ramos Poletti
Gerência editorial: Erika Caldin
Supervisão de arte e editoração: Cida Alves
Supervisão de revisão: Dora Helena Feres
Supervisão de iconografia: Léo Burgos
Supervisão de digital: Ethel Shuña Queiroz
Supervisão de controle de processos editoriais: Roseli Said
Supervisão de direitos autorais: Marilisa Bertolone Mendes

Supervisão editorial: Carla Felix Lopes
Edição: Carla Felix Lopes
Assistência editorial: Ana Okada e Beatriz Pineiro Villanueva
Auxiliar editorial: Marcos Vasconcelos
Copidesque: Ricardo Liberal
Revisão: Alexandra Resende e Elaine Silva
Pesquisa iconográfica: Amanda Felício e Isabela Meneses
Assistência de arte: Carla Del Matto
Design gráfico: Regiane Santana e Samira de Souza
Capa: Samira de Souza
Imagem de capa: Marcos Machado
Ilustrações: Bruna Ishihara, Eduardo Belmiro, Estúdio Mil, Ilustra Cartoon, Reinaldo Rosa e Ronaldo L. Capitão
Coordenação de editoração eletrônica: Abdonildo José de Lima Santos
Editoração eletrônica: Elbert Stein
Licenciamentos de textos: Cinthya Utiyama, Jennifer Xavier, Paula Harue Tozaki e Renata Garbellini
Controle de processos editoriais: Bruna Alves, Carlos Nunes, Rafael Machado e Stephanie Paparella

1ª edição / 4ª impressão, 2024
Impresso no parque gráfico da Melting Color Indústria Gráfica

Avenida das Nações Unidas, 12901
Torre Oeste, 20º andar
São Paulo, SP – CEP: 04578-910
Fone: +55 11 3226-0211
www.editoradobrasil.com.br

APRESENTAÇÃO

Com o objetivo de despertar em vocês – nossos alunos – o interesse, a curiosidade, o prazer e o raciocínio rápido, entregamos a versão atualizada da Coleção Vamos Trabalhar Tabuada.

Nesta proposta de trabalho, o professor pode adequar os conteúdos de acordo com o planejamento da escola.

Oferecemos o Material Dourado em todos os cinco volumes, para que vocês possam, com rapidez e autonomia, fazer as atividades elaboradas em cada livro da coleção. Todas as operações e atividades são direcionadas para desenvolver habilidades psíquicas e motoras com independência.

Manipulando o Material Dourado, vocês realizarão experiências concretas, estruturadas para conduzi-los gradualmente a abstrações cada vez maiores, provocando o raciocínio lógico sobre o sistema decimal.

Desejamos a todos vocês um excelente trabalho.
Nosso grande e afetuoso abraço,

As autoras

AS AUTORAS

Eliana Almeida
- Licenciada em Artes Práticas
- Psicopedagoga clínica e institucional
- Especialista em Fonoaudiologia (área de concentração em Linguagem)
- Pós-graduada em Metodologia do Ensino da Língua Portuguesa e Literatura Brasileira
- Psicanalista clínica e terapeuta holística
- *Master practitioner* em Programação Neurolinguística
- Aplicadora do Programa de Enriquecimento Instrumental do professor Reuven Feuerstein
- Educadora e consultora pedagógica na rede particular de ensino
- Autora de vários livros didáticos

Aninha Abreu
- Licenciada em Pedagogia
- Psicopedagoga clínica e institucional
- Especialista em Educação Infantil e Educação Especial
- Gestora de instituições educacionais do Ensino Fundamental e do Ensino Médio
- Educadora e consultora pedagógica na rede particular de ensino
- Autora de vários livros didáticos

DEDICATÓRIA

Dedico este volume ao meu eterno companheiro, amigo e irmão Omar.
Com muito amor,
Eliana

> Todas as pessoas grandes foram um dia crianças –
> mas poucas se lembram disso.
> Antoine de Saint-Exupéry

À equipe Editorial da Editora do Brasil, pelo carinho, profissionalismo, cumplicidade e dedicação.
Obrigada!
Aninha

SUMÁRIO

Adição 7
Tabuada de adição de 1 a 5 8
Tabuada de adição de 6 a 10 9
Automatizando a tabuada 10
Vamos trabalhar a adição 11, 12
Problemas de adição 13-15
Vamos calcular 16
Educação financeira 17
Subtração 18
Tabuada de subtração de
1 a 5 19
Tabuada de subtração de
6 a 10 20
Automatizando a tabuada 21
Vamos trabalhar a subtração 22-25
Prova real da adição e
da subtração 26, 27
Problemas de subtração 28, 29
Educação financeira 30
Desafio Sudoku 31
Vamos trabalhar a multiplicação 32
Tabuada de multiplicação
de 1 a 5 33
Tabuada de multiplicação
de 6 a 10 34

Automatizando a tabuada 35, 36
Problemas de multiplicação 37
Vamos trabalhar a multiplicação
por dois algarismos 38, 39
Problemas de multiplicação 40
Vamos trabalhar a multiplicação
por três algarismos 41
Problemas de multiplicação 42, 43
Educação financeira 44
Vamos trabalhar a divisão 45
Tabuada de divisão de 1 a 5 46
Tabuada de divisão de 6 a 10 47
Automatizando a tabuada 48
Vamos trabalhar a divisão
com dois dígitos 49
Problemas de divisão 50, 51
Problemas de divisão 54
Prova real da multiplicação
e da divisão 55, 56
Educação financeira 57
Problemas de divisão 59, 60
Material Dourado 61-63

Adição

1236 + 1119?

Conseguimos recolher 1236 cobertores.

Conseguimos recolher 1119 lençóis.

No total, quantas doações conseguimos?

Atividade

1 Complete a fala de Lari com a resposta da pergunta acima.

Conseguimos arrecadar _____ doações.

Tabuada

Tabuada de adição de 1 a 5

1 + 1 = 2	2 + 1 = 3	3 + 1 = 4
1 + 2 = 3	2 + 2 = 4	3 + 2 = 5
1 + 3 = 4	2 + 3 = 5	3 + 3 = 6
1 + 4 = 5	2 + 4 = 6	3 + 4 = 7
1 + 5 = 6	2 + 5 = 7	3 + 5 = 8
1 + 6 = 7	2 + 6 = 8	3 + 6 = 9
1 + 7 = 8	2 + 7 = 9	3 + 7 = 10
1 + 8 = 9	2 + 8 = 10	3 + 8 = 11
1 + 9 = 10	2 + 9 = 11	3 + 9 = 12

4 + 1 = 5	5 + 1 = 6
4 + 2 = 6	5 + 2 = 7
4 + 3 = 7	5 + 3 = 8
4 + 4 = 8	5 + 4 = 9
4 + 5 = 9	5 + 5 = 10
4 + 6 = 10	5 + 6 = 11
4 + 7 = 11	5 + 7 = 12
4 + 8 = 12	5 + 8 = 13
4 + 9 = 13	5 + 9 = 14

Cálculo mental

Tabuada

Tabuada de adição de 6 a 10

6 + 1 = 7	7 + 1 = 8	8 + 1 = 9
6 + 2 = 8	7 + 2 = 9	8 + 2 = 10
6 + 3 = 9	7 + 3 = 10	8 + 3 = 11
6 + 4 = 10	7 + 4 = 11	8 + 4 = 12
6 + 5 = 11	7 + 5 = 12	8 + 5 = 13
6 + 6 = 12	7 + 6 = 13	8 + 6 = 14
6 + 7 = 13	7 + 7 = 14	8 + 7 = 15
6 + 8 = 14	7 + 8 = 15	8 + 8 = 16
6 + 9 = 15	7 + 9 = 16	8 + 9 = 17

9 + 1 = 10	10 + 1 = 11
9 + 2 = 11	10 + 2 = 12
9 + 3 = 12	10 + 3 = 13
9 + 4 = 13	10 + 4 = 14
9 + 5 = 14	10 + 5 = 15
9 + 6 = 15	10 + 6 = 16
9 + 7 = 16	10 + 7 = 17
9 + 8 = 17	10 + 8 = 18
9 + 9 = 18	10 + 9 = 19

Cálculo mental

Automatizando a tabuada
Atividades

1 Aplique o que você aprendeu para completar o quadro a seguir.

+	1	2	3	4	5	6	7	8	9
1	2								
2		4							
3			6						
4				8					
5					10				
6						12			
7							14		
8								16	
9									18
10									

2 Faça um **X** no quadrinho em que está o resultado de cada operação.

6 + 9	13	17	15
4 + 7	10	11	9
8 + 8	18	6	16
7 + 5	10	8	12
9 + 6	15	19	13
10 + 4	15	7	14
5 + 8	8	13	11
11 + 6	15	17	18

Vamos trabalhar a adição

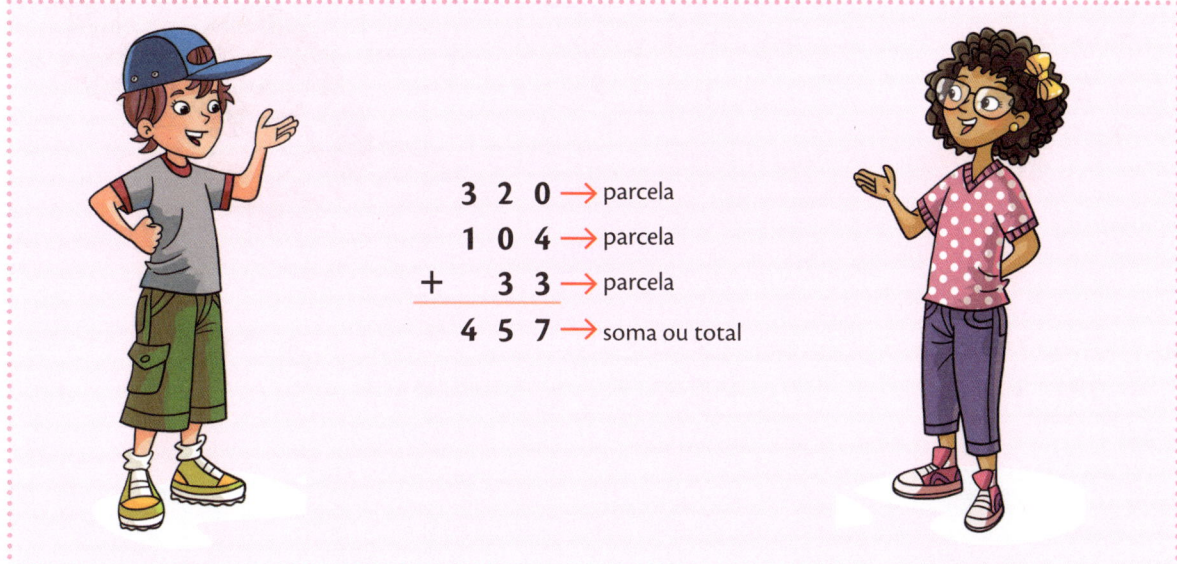

```
  3 2 0  → parcela
  1 0 4  → parcela
+   3 3  → parcela
  4 5 7  → soma ou total
```

Atividades

1 Observe o exemplo e resolva as adições.

```
  C D U
    1
  3 6 4
+ 5 2 7
  8 9 1
```

c)
```
  C D U
  3 4 2
+ 1 9 6
```

f)
```
  C D U
  1 5 7
+ 6 8 0
```

a)
```
  C D U
  2 3 6
+ 1 6 8
```

d)
```
  C D U
  2 7 3
+   2 5
```

g)
```
  C D U
  5 1 1
+ 1 6 3
```

b)
```
  C D U
  3 2 5
  1 3 0
+   4 0
```

e)
```
  C D U
  2 0 0
  1 3 3
+ 3 0 4
```

h)
```
  C D U
  3 9 6
  2 0 4
+   1 3
```

2 Observe o exemplo e continue resolvendo as adições.

```
UM C D U
   1 1
   3 2 8 7
 + 4 5 1 3
 ─────────
   7 8 0 0
```

b) 5 4 9 3
  + 1 4 7 2

a) 3 4 7 5
  + 2 1 3 6

c) 4 4 5 5
  + 2 2 7 8

d) 3 0 8 0
  + 1 6 5 7

3 Verifique as operações e pinte a opção correta.

a) 1 1 1
    2 2 4 6
    1 3 4 3
  +   6 4 3
  ─────────
    4 2 3 2

d) 4 1 2 0
      8 5 0
  +   2 1 3
  ─────────
    4 0 6 3

b) 2 1 1
    1 5 0 9
    1 8 3 5
  + 3 5 8 0
  ─────────
    7 0 6 3

e) 1 1
    3 7 5 1
      2 6 4
  +   3 2 1
  ─────────
    4 3 3 6

c)   1
    6 2 1 0
      1 3 0
  +   4 7 5
  ─────────
    6 8 1 5

f)   1
    8 3 6 1
      1 3 4
  +   2 2 0
  ─────────
    8 7 1 5

Problemas de adição

Atividades

1 Para visitar seus avós em outro estado, a família de Sofia viajou 1 689 km pelo litoral aproveitando as praias. No retorno, em um percurso mais curto pelo sertão, viajou 1 326 km. Quantos quilômetros eles percorreram?

Resposta: _____

2 João tem 810 selos, Maria tem 730 selos a mais que João, e Julia tem a quantidade de João e Maria juntos.

a) Quantos selos Maria tem? _____

b) Quantos selos Julia tem? _____

3 Quantos metros de tela a Escola do Saber terá de comprar para cercar uma quadra que mede 42 m de comprimento e 25 m de largura?

Resposta: _____

4. Na construção de uma arquibancada para a quadra já foram utilizados 3 360 tijolos. Para concluir a obra foram compradas mais 1 579 unidades. Quantos tijolos foram comprados?

Resposta: _____

5. A Avenida Dom Bosco está sendo asfaltada. Já foram feitos 1 325 m de asfalto, mas ainda faltam 3 298 m. Quantos metros tem essa avenida?

Resposta: _____

6. O Teatro Leopoldina vendeu 930 ingressos no sábado. No domingo foram vendidos 580 ingressos a mais.
   a) Quantos ingressos foram vendidos no domingo?

   _____

   b) Quantos ingressos foram vendidos nesse fim de semana?

   _____

7 Os gráficos a seguir mostram a população de algumas cidades em anos diferentes.

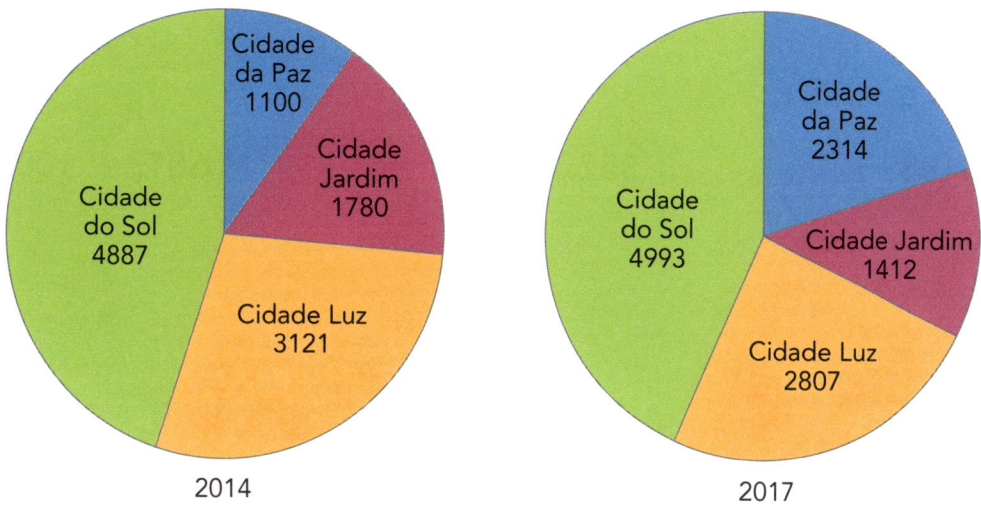

2014   2017

a) Qual cidade tinha a maior população em 2014?

b) Em 2017, qual cidade tinha a menor população?

c) Qual é a soma das populações no ano de 2014?

d) Qual é a soma das populações no ano de 2017?

e) A população de qual cidade mais aumentou em 2017?

Cálculos:

Vamos calcular

Atividade

1) Arme e efetue.

a) 784 + 685 =

b) 389 + 128 + 161 =

c) 523 + 670 =

d) 191 + 270 =

e) 4209 + 171 =

f) 3527 + 2871 =

g) 260 + 720 + 233 =

h) 1413 + 4241 =

i) 612 + 188 =

j) 6183 + 322 =

k) 6017 + 1003 =

l) 770 + 104 + 220 =

m) 87 + 6433 =

n) 1101 + 2990 =

Educação financeira

1 Observe os anúncios promocionais e circule a opção que lhe trará economia sabendo que a mercadoria e o valor inicial são iguais nas três lojas.

2 Justifique sua escolha anterior.

Resposta: _____

_____

3 Você quer fazer uma salada de frutas caprichada com um orçamento de R$ 20,00. Observe os valores a seguir e selecione a maior variedade de frutas que conseguirá comprar com R$ 20,00. Escreva o nome delas nas linhas.

Resposta: _____

Subtração

Atividade

1. Observe a cena anterior e responda: Quanto Lari tem a mais que Vítor na poupança?

Tabuada de subtração de 1 a 5

Cálculo mental

1 − 1 = 0	2 − 2 = 0	3 − 3 = 0
2 − 1 = 1	3 − 2 = 1	4 − 3 = 1
3 − 1 = 2	4 − 2 = 2	5 − 3 = 2
4 − 1 = 3	5 − 2 = 3	6 − 3 = 3
5 − 1 = 4	6 − 2 = 4	7 − 3 = 4
6 − 1 = 5	7 − 2 = 5	8 − 3 = 5
7 − 1 = 6	8 − 2 = 6	9 − 3 = 6
8 − 1 = 7	9 − 2 = 7	10 − 3 = 7
9 − 1 = 8	10 − 2 = 8	11 − 3 = 8
10 − 1 = 9	11 − 2 = 9	12 − 3 = 9

4 − 4 = 0	5 − 5 = 0
5 − 4 = 1	6 − 5 = 1
6 − 4 = 2	7 − 5 = 2
7 − 4 = 3	8 − 5 = 3
8 − 4 = 4	9 − 5 = 4
9 − 4 = 5	10 − 5 = 5
10 − 4 = 6	11 − 5 = 6
11 − 4 = 7	12 − 5 = 7
12 − 4 = 8	13 − 5 = 8
13 − 4 = 9	14 − 5 = 9

Tabuada

Tabuada de subtração de 6 a 10

Cálculo mental

6 − 6 = 0	7 − 7 = 0	8 − 8 = 0
7 − 6 = 1	8 − 7 = 1	9 − 8 = 1
8 − 6 = 2	9 − 7 = 2	10 − 8 = 2
9 − 6 = 3	10 − 7 = 3	11 − 8 = 3
10 − 6 = 4	11 − 7 = 4	12 − 8 = 4
11 − 6 = 5	12 − 7 = 5	13 − 8 = 5
12 − 6 = 6	13 − 7 = 6	14 − 8 = 6
13 − 6 = 7	14 − 7 = 7	15 − 8 = 7
14 − 6 = 8	15 − 7 = 8	16 − 8 = 8
15 − 6 = 9	16 − 7 = 9	17 − 8 = 9

9 − 9 = 0	10 − 10 = 0
10 − 9 = 1	11 − 10 = 1
11 − 9 = 2	12 − 10 = 2
12 − 9 = 3	13 − 10 = 3
13 − 9 = 4	14 − 10 = 4
14 − 9 = 5	15 − 10 = 5
15 − 9 = 6	16 − 10 = 6
16 − 9 = 7	17 − 10 = 7
17 − 9 = 8	18 − 10 = 8
18 − 9 = 9	19 − 10 = 9

Automatizando a tabuada

Cálculo mental

1 Complete as subtrações fazendo cálculos mentais.

18	−	8	=	
−		−		−
7	−		=	5
=		=		=
	−	6	=	

15	−	5	=	
−		−		−
8	−		=	5
=		=		=
	−	2	=	

2 Continue calculando.

−5
25	
90	
15	10
50	
75	

−6
70	
	28
	42
65	
27	

−8
64	
32	
	16
58	
93	

−7
42	
	33
	66
	18
76	

−4
25	
48	
14	
8	
53	

−9
18	
	27
	54
	36
72	

Tabuada

Vamos trabalhar a subtração

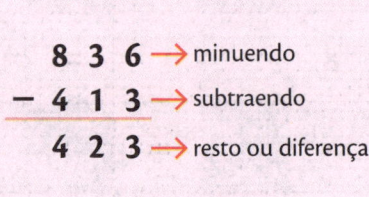
8 3 6 → minuendo
− 4 1 3 → subtraendo
4 2 3 → resto ou diferença

Atividades

1 Observe o exemplo e efetue as subtrações.

```
 C D U
 3 15
 4 5 3
−2 9 0
─────
 1 6 3
```

a) 3 6 4
  − 2 7 1

c) 5 6 3
  − 4 0 5

f) 7 2 8
  − 3 5 2

d) 9 2 3
  − 4 3 1

g) 3 1 8
  − 2 6 2

b) 9 1 0
  − 3 2 0

e) 6 7 4
  − 2 9 8

h) 4 2 8
  − 1 7 1

2 Observe os exemplos e continue efetuando as subtrações.

```
  C D U
    2 17
  2 3̷ 7̷
-   2 8
  2 0 9
```

a) 1 7 8
 −   8 3
 ———————

b) 3 4 6
 −   8 3
 ———————

c) 9 3 7
 −   5 2
 ———————

d) 6 3 2
 −   1 4
 ———————

e) 7 5 4
 −   8 2
 ———————

```
UM C D U
    7 13
  5 8̷ 3̷ 4
- 2 5 7 2
  3 2 6 2
```

f) 8 3 6 2
 − 4 5 2 8
 —————————

g) 9 3 6 5
 − 2 8 4 1
 —————————

h) 3 6 4 5
 −   5 7 2
 —————————

i) 7 3 4 2
 −   2 1 5
 —————————

j) 8 6 9 2
 −   3 1 4
 —————————

```
DM UM  C  D  U
    7  14 8 13
  6 8̷  4̷ 9̷ 3̷
- 5 3  6  1  8
  1 4  8  7  5
```

k) 3 4 6 3 5
 − 1 1 2 8 8
 ——————————

l) 5 6 2 4 7
 − 2 1 8 3 5
 ——————————

m) 4 9 2 6 5
 −   3 5 2 3
 ——————————

n) 6 8 3 7 9
 −   2 8 4 2
 ——————————

o) 5 7 2 8 3
 −   2 8 5 1
 ——————————

3) Observe o exemplo e continue efetuando as subtrações.

CM	DM	UM	C	D	U
		2	16	4	12
5	4	3̸	6̸	5̸	2̸
−2	3	0	7	1	6
3	1	2	9	3	6

a) 3 5 6 2 4 7
  − 1 2 7 0 6 6
  _____

b) 7 6 5 4 6 3
  −   2 4 3 2 5
  _____

c) 7 2 7 1 4
  − 2 5 0 7 8
  _____

d) 8 9 3 6 2 1
  − 3 5 2 1 4 0
  _____

e) 8 7 3 6 4 2
  − 5 2 9 3 1 9
  _____

f) 3 4 6 2 5 9
  −   2 9 1 3 6
  _____

g) 4 3 2 8 5 1
  − 1 4 8 2 7 0
  _____

h) 7 4 6 9 8 7
  − 2 8 5 2 9 3
  _____

i) 6 8 5 3 4 2
  − 3 5 7 2 8 0
  _____

4) Complete o quadro.

Minuendo	Subtraendo	Resto ou diferença
343		126
	358	234
950	320	
	256	537

5 Observe o exemplo e continue efetuando as subtrações.

```
  C D U
  2 9 10
  3̶ 0̶ 0̶
- 1 2 2
───────
  1 7 8
```

b) 500
  − 53
  ─────

d) 600
  − 89
  ─────

a) 7000
  − 1522
  ──────

c) 3000
  − 742
  ──────

e) 9000
  − 1284
  ──────

6 Calcule cada subtração e ligue-a à resposta correta.

a) 70000
  − 41372
  ───────

b)   8000
  − 2978
  ───────

c) 90000
  − 52333
  ───────

d) 40000
  −   111
  ───────

- 39 889
- 5 022
- 28 628
- 37 667

Cálculos:

Tabuada

Prova real da adição e da subtração

A adição e a subtração são **operações inversas**. Para verificar se uma adição ou subtração está correta, tiramos a prova real aplicando a operação inversa.

Prova real da adição

```
  UM C D U           UM C D U              UM C D U            UM C D U
   3 4 6 5            5 5 8 8               7 5 4 3             8 8 7 8
 + 2 1 2 3          - 3 4 6 5      ou       1 2 0 5           - 1 3 3 5
   5 5 8 8            2 1 2 3             +   1 3 0             7 5 4 3
                                            8 8 7 8
```

Podemos também usar a propriedade comutativa: alterando a ordem das parcelas o resultado não se modificará.

```
   DM UM C D U              DM UM C D U
       5 5 9 0                   6 1 0 0
    +  6 1 0 0               +   5 5 9 0
       1 1 6 9 0                 1 1 6 9 0
```

ou

```
  UM C D U            UM C D U            UM C D U
   1                   1                   1
   3 8 2 8               3 5 0             2 4 2 1
   2 4 2 1             2 4 2 1               3 5 0
 +   3 5 0           + 3 8 2 8           + 3 8 2 8
   6 5 9 9             6 5 9 9             6 5 9 9
```

Prova real da subtração

```
  UM C D U              UM C D U
   8 5 3 6               2 4 0 3
 - 2 4 0 3             + 6 1 3 3
   6 1 3 3               8 5 3 6
```

Atividades

1 Efetue as adições e tire a prova real fazendo a operação inversa.

a) 4 2 5 6
  + 3 7 8 5

c) 2 3 1 6
  + 5 0 4 8

b) 3 7 8 1
      3 2 8
  +   7 5

d) 1 0 4 2
    7 3 6 5
  +   1 3 8

2 Pinte o ☐ cuja informação está correta.

☐ A operação inversa da adição é a multiplicação.

☐ Os termos da subtração são minuendo, subtraendo e resto.

☐ O zero é o elemento neutro da adição.

☐ A adição e a subtração são operações inversas.

☐ A propriedade comutativa também pode ser utilizada para prova real da adição.

☐ Na subtração podemos aplicar a propriedade comutativa.

Problemas de subtração

1 Jogando pega-varetas, Alice fez 437 pontos e Breno fez 219 pontos. Qual é a diferença de pontos entre Alice e Breno?

Resposta: _____

2 A cidade Raio de Sol completou 325 anos neste ano. Em que ano ela foi fundada?

Resposta: _____

3 Uma pessoa tinha 46 anos em 1970. Em que ano essa pessoa nasceu?

Resposta: _____

4) A capacidade do Estádio Primeiro de Maio Rungrado, na Coreia do Norte, é de 150 000 pessoas. No Brasil, o Estádio do Maracanã tem capacidade de 78 838 pessoas. Qual é a diferença entre a capacidade de pessoas desses estádios?

Resposta: _____

5) Em uma subtração, o minuendo é 34 624 e o resto é 2 982. Qual é o subtraendo?

Resposta: _____

6) Gil nasceu em 1928 e viveu até 1992. Quantos anos ele viveu?

Resposta: _____

Educação financeira

1) Joana pesquisou a variação do valor da cesta básica no último semestre em sua cidade e fez um gráfico. Considerando que o orçamento familiar destinado à cesta básica é de 300 reais, responda às questões abaixo.

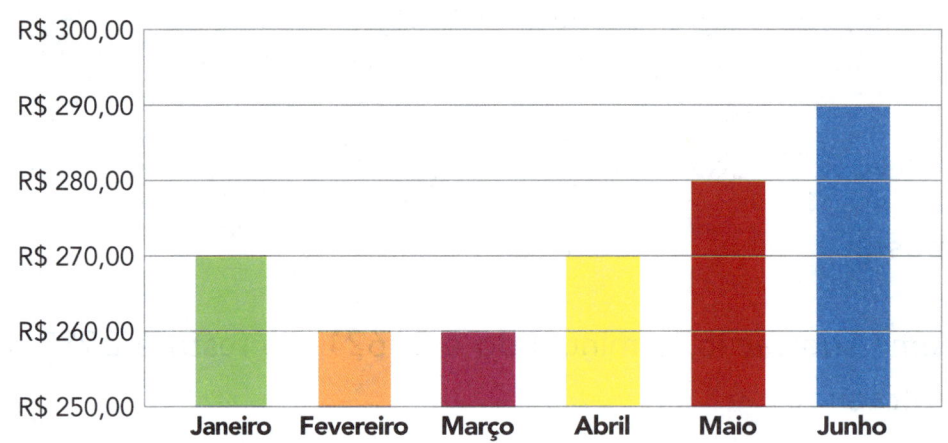

a) Em quais meses Joana mais economizou?

_____

b) Qual foi o valor economizado?

Resposta: _____

c) Qual foi a diferença do mês de menor custo para o mês de maior custo?

Resposta: _____

Vamos brincar
Desafio Sudoku

- É hora de testar o raciocínio e a lógica com este desafio. Você só precisa completar cada linha, coluna e quadrado com os números de 1 a 9 sem repeti-los.

9	3		2	1		8		5
	6		7	5			3	
1		5			6	7		4
	4		3		1		2	8
3		2		7		4	1	
	1		4		8	3		9
6				5			2		7
	7	4		9	2		5	3
2		3	6			7	9	

Vamos trabalhar a multiplicação

Atividade

1 Observe, pense e responda às questões sobre a multiplicação.

a) Quantas centenas há no total da multiplicação acima?

_____

b) Quantos 🟨 há em cada placa do Material Dourado?

_____

c) Quantas dezenas há no total da multiplicação acima?

_____

d) Quantas unidades há no total da multiplicação acima?

_____

Tabuada de multiplicação de 1 a 5

Cálculo mental

1 × 1 = 1	2 × 1 = 2	3 × 1 = 3
1 × 2 = 2	2 × 2 = 4	3 × 2 = 6
1 × 3 = 3	2 × 3 = 6	3 × 3 = 9
1 × 4 = 4	2 × 4 = 8	3 × 4 = 12
1 × 5 = 5	2 × 5 = 10	3 × 5 = 15
1 × 6 = 6	2 × 6 = 12	3 × 6 = 18
1 × 7 = 7	2 × 7 = 14	3 × 7 = 21
1 × 8 = 8	2 × 8 = 16	3 × 8 = 24
1 × 9 = 9	2 × 9 = 18	3 × 9 = 27
1 × 10 = 10	2 × 10 = 20	3 × 10 = 30

4 × 1 = 4	5 × 1 = 5
4 × 2 = 8	5 × 2 = 10
4 × 3 = 12	5 × 3 = 15
4 × 4 = 16	5 × 4 = 20
4 × 5 = 20	5 × 5 = 25
4 × 6 = 24	5 × 6 = 30
4 × 7 = 28	5 × 7 = 35
4 × 8 = 32	5 × 8 = 40
4 × 9 = 36	5 × 9 = 45
4 × 10 = 40	5 × 10 = 50

Tabuada

Tabuada de multiplicação de 6 a 10

6 × 1 = 6		7 × 1 = 7	
6 × 2 = 12		7 × 2 = 14	
6 × 3 = 18		7 × 3 = 21	
6 × 4 = 24		7 × 4 = 28	
6 × 5 = 30		7 × 5 = 35	
6 × 6 = 36		7 × 6 = 42	
6 × 7 = 42		7 × 7 = 49	
6 × 8 = 48		7 × 8 = 56	
6 × 9 = 54		7 × 9 = 63	
6 × 10 = 60		7 × 10 = 70	
8 × 1 = 8	9 × 1 = 9	10 × 1 = 10	
8 × 2 = 16	9 × 2 = 18	10 × 2 = 20	
8 × 3 = 24	9 × 3 = 27	10 × 3 = 30	
8 × 4 = 32	9 × 4 = 36	10 × 4 = 40	
8 × 5 = 40	9 × 5 = 45	10 × 5 = 50	
8 × 6 = 48	9 × 6 = 54	10 × 6 = 60	
8 × 7 = 56	9 × 7 = 63	10 × 7 = 70	
8 × 8 = 64	9 × 8 = 72	10 × 8 = 80	
8 × 9 = 72	9 × 9 = 81	10 × 9 = 90	
8 × 10 = 80	9 × 10 = 90	10 × 10 = 100	

Cálculo mental

Automatizando a tabuada

1 Complete os quadros da multiplicação.

×	0	1	2	3	4	5	6	7	8	9	10
4											

×	0	1	2	3	4	5	6	7	8	9	10
5											

×	0	1	2	3	4	5	6	7	8	9	10
7											

×	0	1	2	3	4	5	6	7	8	9	10
8											

×	0	1	2	3	4	5	6	7	8	9	10
9											

2 Ligue cada multiplicação ao resultado correto.

5 × 9   7 × 7   8 × 6   9 × 8

48   72   45   49

Tabuada

Atividade

1 Observe o exemplo e continue efetuando as multiplicações.

```
  C D U
    1
  2 1 4
×     3
-------
  6 4 2
```

e) 1 2 6
  ×   3

j) 2 4 1
  ×   4

a) 3 4 1
  ×   8

f) 6 4 5
  ×   2

k) 3 0 7
  ×   7

b) 7 5 1
  ×   6

g) 4 1 5
  ×   3

l) 1 1 6
  ×   9

c) 8 0 5
  ×   9

h) 3 1 9
  ×   4

m) 4 3 0
  ×   5

d) 4 3 7
  ×   2

i) 5 1 7
  ×   3

n) 9 1 3
  ×   4

Problemas de multiplicação

Atividades

1. Uma fábrica de tênis produz 506 pares por dia. Quantos pares de tênis essa fábrica produz em uma semana?

   Resposta: _____

2. No ano passado, Tito, Malu e seus amigos foram para uma colônia de férias e passaram 18 dias. Neste ano, eles ficarão o dobro de tempo. Quantos dias eles passarão na colônia de férias?

   Resposta: _____

3. O estado em que Lari nasceu tem 98 281 quilômetros quadrados, e o estado em que ela mora agora tem o triplo da área. Quantos quilômetros quadrados tem esse estado?

   Resposta: _____

Vamos trabalhar a multiplicação por dois algarismos

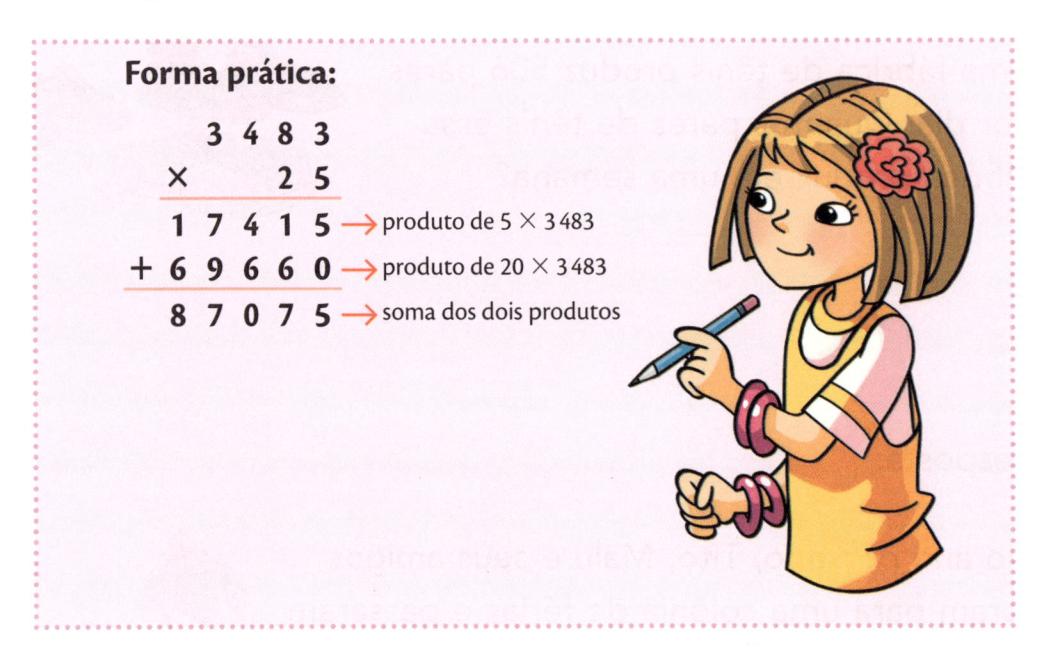

Forma prática:

```
        3 4 8 3
    ×       2 5
    ─────────────
        1 7 4 1 5   → produto de 5 × 3 483
    +   6 9 6 6 0   → produto de 20 × 3 483
    ─────────────
        8 7 0 7 5   → soma dos dois produtos
```

Atividades

1 Efetue com atenção as operações a seguir.

a)
```
    4 3 5 4
×       3 2
```

d)
```
    1 0 5 7
×       4 3
```

g)
```
    5 6 0 7
×       4 5
```

b)
```
    2 2 0 3
×       2 4
```

e)
```
    4 3 9 0
×       1 2
```

h)
```
    3 8 2 1
×       3 3
```

c)
```
    1 5 0 9
×       2 5
```

f)
```
    1 9 6 4
×       4 4
```

i)
```
    4 0 0 7
×       2 3
```

2 Efetue com atenção as operações a seguir. Observe o exemplo.

```
   UM C D U
      3 5 4 2
  ×       1 2
      7 0 8 4
+ 3 5 4 2 0
    4 2 5 0 4
```

a) 3 1 2 1
  ×   2 6
  ———————

b) 2 6 5 2
  ×   1 2
  ———————

c) 4 1 9 3
  ×   2 2
  ———————

d) 2 9 7 0
  ×   1 7
  ———————

e) 4 2 0 5
  ×   3 4
  ———————

f) 8 4 8 3
  ×   1 1
  ———————

g) 4 2 0 3
  ×   1 6
  ———————

h) 6 7 1 1
  ×   3 1
  ———————

i) 5 2 2 8
  ×   2 5
  ———————

j) 2 3 1 6
  ×   4 5
  ———————

k) 7 4 0 3
  ×   1 4
  ———————

l) 2 3 2 8
  ×   3 2
  ———————

Problemas de multiplicação

Atividades

1 Um pequeno agricultor plantou 116 pés de laranja. Colheu em uma safra 42 laranjas de cada pé plantado. Quantas laranjas o agricultor colheu nessa safra?

Resposta: _____

2 Um automóvel foi comprado em 24 parcelas de 750 reais. Quanto foi pago por esse automóvel?

Resposta: _____

3 Uma granja entrega por dia 234 embalagens de ovos. Cada embalagem contém 36 ovos. Quantos ovos essa granja entrega por dia?

Resposta: _____

Vamos trabalhar a multiplicação por três algarismos

Forma prática:

	DM	UM	C	D	U	
	2	4	3	0	2	
×			3	2	2	
	4	8	6	0	4	→ produto de 2 × 24 302
	4	8	6	0	4	0 → produto de 20 × 24 302
+ 7	2	9	0	6	0	0 → produto de 300 × 24 302
	7	8	2	5	2	4	4 → soma dos três produtos

Atividade

1 Resolva as multiplicações.

a) 20 116 × 233

b) 25 314 × 304

c) 90 151 × 263

d) 34 032 × 126

e) 14 513 × 405

f) 70 234 × 321

g) 21 642 × 204

h) 10 321 × 132

Problemas de multiplicação

Atividades

1 Da casa de Malu para a casa de Lari, a distância é de 348 metros. Da casa de Malu para a casa de Tito, a distância é 122 vezes maior. Qual é a distância da casa de Malu para a de Tito?

Resposta: _____

2 Em um fim de semana, 8 402 veículos passaram pelo pedágio em uma rodovia em direção ao interior. No período entre os dias 23 e 31 de dezembro foi contabilizado, nesse mesmo pedágio, um número 13 vezes maior. Calcule o número de veículos que passaram nesse período.

Resposta: _____

3 Tito, Malu, Lari e Vítor foram assistir a um jogo de futebol. Tito soube que nessa tarde havia 3 357 torcedores pagantes. Sabendo que há 2 jogos por mês neste estádio, e tomando como média esse número de torcedores, quantos torcedores pagantes irão a esse estádio em um ano?

Resposta: _____

42 Tabuada

4 Os alunos de uma escola foram ao planetário em 5 ônibus com a lotação completa. Cada veículo podia levar 28 passageiros.

a) Quantas crianças foram ao passeio?

Resposta: _____

b) No caminho de volta, 15 crianças desceram dos ônibus antes de chegar à escola. Calcule quantas crianças desembarcaram na escola.

Resposta: _____

5 Um caminhão transporta 842 pacotes de suco para abastecer os mercados da cidade.

a) Sabendo que em cada pacote há 24 caixas de suco, calcule quantas caixas de suco o caminhão transporta.

Resposta: _____

b) Foram entregues no primeiro mercado 154 pacotes. Que quantidade de caixas o caminhão transporta agora?

Resposta: _____

Educação financeira

Vítor queria comprar uma bicicleta nova. Para completar a quantia que guardou de mesada, resolveu vender alguns de seus livros. Fez uma promoção e vendeu cada livro por R$ 5,00. Observe a seguir os valores recebidos e calcule quanto ele arrecadou.

Moedas

50 moedas de R$ 1,00

50 × 1 = _____

60 moedas de R$ 0,50

60 × 0,50 = _____

140 moedas de R$ 0,25

140 × 0,25 = _____

Cédulas

3 cédulas de R$ 20,00

3 × 20 = _____

4 cédulas de R$ 10,00

4 × 10 = _____

15 cédulas de R$ 5,00

15 × 5 = _____

35 cédulas de R$ 2,00

35 × 2 = _____

Resposta: _____

Tabuada

Vamos trabalhar a divisão

Observe:

```
dividendo ← 4 8 6 | 2   → divisor
              0 8   243 → quociente
                0 6
      resto ← 0
```

486 ÷ 2 = 243

Atividade

1 Observe o exemplo e resolva com atenção.

```
C D U
3 5 7 | 2
1 5   | 178
  1 7
    1
```

a) 5 4 8 | 3

b) 4 8 5 | 5

c) 8 3 2 | 3

d) 7 3 6 | 3

e) 3 9 9 | 6

f) 4 9 6 | 2

g) 8 7 6 | 4

h) 6 1 6 | 4

Tabuada de divisão de 1 a 5

1 ÷ 1 = 1	2 ÷ 2 = 1	3 ÷ 3 = 1
2 ÷ 1 = 2	4 ÷ 2 = 2	6 ÷ 3 = 2
3 ÷ 1 = 3	6 ÷ 2 = 3	9 ÷ 3 = 3
4 ÷ 1 = 4	8 ÷ 2 = 4	12 ÷ 3 = 4
5 ÷ 1 = 5	10 ÷ 2 = 5	15 ÷ 3 = 5
6 ÷ 1 = 6	12 ÷ 2 = 6	18 ÷ 3 = 6
7 ÷ 1 = 7	14 ÷ 2 = 7	21 ÷ 3 = 7
8 ÷ 1 = 8	16 ÷ 2 = 8	24 ÷ 3 = 8
9 ÷ 1 = 9	18 ÷ 2 = 9	27 ÷ 3 = 9
10 ÷ 1 = 10	20 ÷ 2 = 10	30 ÷ 3 = 10

4 ÷ 4 = 1	5 ÷ 5 = 1
8 ÷ 4 = 2	10 ÷ 5 = 2
12 ÷ 4 = 3	15 ÷ 5 = 3
16 ÷ 4 = 4	20 ÷ 5 = 4
20 ÷ 4 = 5	25 ÷ 5 = 5
24 ÷ 4 = 6	30 ÷ 5 = 6
28 ÷ 4 = 7	35 ÷ 5 = 7
32 ÷ 4 = 8	40 ÷ 5 = 8
36 ÷ 4 = 9	45 ÷ 5 = 9
40 ÷ 4 = 10	50 ÷ 5 = 10

Cálculo mental

Tabuada

Tabuada de divisão de 6 a 10

Cálculo mental

| 6 ÷ 6 = 1 |
| 12 ÷ 6 = 2 |
| 18 ÷ 6 = 3 |
| 24 ÷ 6 = 4 |
| 30 ÷ 6 = 5 |
| 36 ÷ 6 = 6 |
| 42 ÷ 6 = 7 |
| 48 ÷ 6 = 8 |
| 54 ÷ 6 = 9 |
| 60 ÷ 6 = 10 |

| 7 ÷ 7 = 1 |
| 14 ÷ 7 = 2 |
| 21 ÷ 7 = 3 |
| 28 ÷ 7 = 4 |
| 35 ÷ 7 = 5 |
| 42 ÷ 7 = 6 |
| 49 ÷ 7 = 7 |
| 56 ÷ 7 = 8 |
| 63 ÷ 7 = 9 |
| 70 ÷ 7 = 10 |

| 8 ÷ 8 = 1 |
| 16 ÷ 8 = 2 |
| 24 ÷ 8 = 3 |
| 32 ÷ 8 = 4 |
| 40 ÷ 8 = 5 |
| 48 ÷ 8 = 6 |
| 56 ÷ 8 = 7 |
| 64 ÷ 8 = 8 |
| 72 ÷ 8 = 9 |
| 80 ÷ 8 = 10 |

| 9 ÷ 9 = 1 |
| 18 ÷ 9 = 2 |
| 27 ÷ 9 = 3 |
| 36 ÷ 9 = 4 |
| 45 ÷ 9 = 5 |
| 54 ÷ 9 = 6 |
| 63 ÷ 9 = 7 |
| 72 ÷ 9 = 8 |
| 81 ÷ 9 = 9 |
| 90 ÷ 9 = 10 |

| 10 ÷ 10 = 1 |
| 20 ÷ 10 = 2 |
| 30 ÷ 10 = 3 |
| 40 ÷ 10 = 4 |
| 50 ÷ 10 = 5 |
| 60 ÷ 10 = 6 |
| 70 ÷ 10 = 7 |
| 80 ÷ 10 = 8 |
| 90 ÷ 10 = 9 |
| 100 ÷ 10 = 10 |

Tabuada

Automatizando a tabuada

Atividades

1 Complete os quadros.

÷	2	3	4	5	6
12					
6					
18					
20					
24					

÷	5	6	7	8	9
36					
40					
32					
42					
63					

2 Vamos completar?

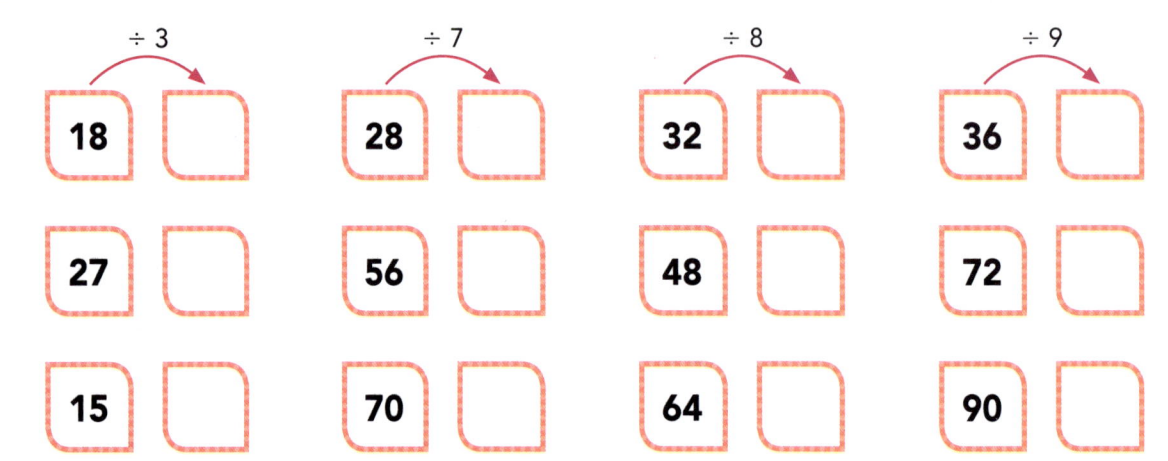

÷ 3: 18 → ☐ ; 27 → ☐ ; 15 → ☐

÷ 7: 28 → ☐ ; 56 → ☐ ; 70 → ☐

÷ 8: 32 → ☐ ; 48 → ☐ ; 64 → ☐

÷ 9: 36 → ☐ ; 72 → ☐ ; 90 → ☐

Vamos trabalhar a divisão com dois dígitos

Atividade

1 Observe o exemplo e calcule as divisões.

UM	C	D	U	
3	3	2	8	32
0	1	2	8	104
		0	0	

d) 2 6 8 8 | 24

h) 3 3 0 0 | 25

a) 4 4 1 0 | 42

e) 7 0 3 9 | 35

i) 2 7 6 0 | 23

b) 1 3 5 0 | 45

f) 3 7 4 8 | 34

j) 6 5 2 8 | 32

c) 6 4 6 8 | 42

g) 7 1 3 0 | 33

k) 3 9 7 5 | 45

Tabuada

Problemas de divisão

Atividades

1 Um rolo de barbante tem 1 430 metros. Tito precisa cortar todo o rolo em pedaços de 6 metros. Quantos pedaços Tito terá? Sobrará barbante?

Resposta: _____

2 A escola de Malu arrecadou 321 quilos de alimentos para distribuir em 3 instituições de caridade. Quantos quilos de alimentos caberão a cada instituição?

Resposta: _____

3 Lari comprou uma boneca por 294 reais e vai pagá-la em 7 prestações fixas. Qual será o valor de cada prestação?

Resposta: _____

4 Vítor tem 189 carrinhos e quer organizá-los igualmente em 9 prateleiras. Quantos carrinhos ele colocará em cada prateleira?

Resposta: _____

5 Para uma festa, dona Renilda fez 387 salgadinhos e vai arrumá-los em 9 bandejas. Quantos salgadinhos caberão em cada bandeja?

Resposta: _____

6 Malu resolveu distribuir para suas primas Rita, Lúcia e Ana suas revistas em quadrinhos. Sua coleção tem 188 revistas. Quantas revistas cada prima recebeu? Sobraram revistas? Quantas?

Resposta: _____

Tabuada 51

Atividade

1 Observe o exemplo e resolva as divisões.

DM	UM	C	D	U	
2	8	5	5	2	142
0	0	1	5	2	201
		0	1	0	

d) 2 8 6 5 6 | 233

a) 6 2 7 4 0 | 312

e) 8 6 8 6 6 | 432

b) 4 4 5 6 4 | 212

f) 9 3 6 0 9 | 223

c) 1 8 6 7 3 | 162

g) 7 5 6 9 8 | 242

h) 4 8 1 7 8 3 | 234

l) 6 4 4 8 4 6 | 342

i) 2 8 1 3 4 4 | 232

m) 7 1 8 8 8 4 | 348

j) 8 3 6 8 2 6 | 413

n) 6 4 2 6 3 9 | 314

k) 6 8 8 4 8 6 | 342

o) 5 6 3 8 5 2 | 436

Problemas de divisão

Atividades

1 Uma fábrica produziu 9 280 sacos de cimento para dividir entre 32 depósitos. Quantos sacos de cimento ficarão em cada depósito?

Resposta: _____

2 Em um desfile de primavera, um colégio com 492 alunos deve formar 12 pelotões. Quantos alunos ficarão em cada pelotão?

Resposta: _____

3 Na gincana de fim de ano, os participantes recolheram 798 peças de roupas, que foram distribuídas igualmente entre 13 creches. Quantas peças de roupa cada creche recebeu? Sobraram peças? Quantas?

Resposta: _____

Prova real da multiplicação e da divisão

A multiplicação é a **operação inversa da divisão**.
Para verificar se uma multiplicação está correta, aplicamos a operação inversa para tirar a prova real.

Prova real da multiplicação

```
      C D U                UM C D U
      3 5 9                 8 9 7 5 | 25
  ×     2 5                 1 4 7   ‾‾‾‾‾
    1 7 9 5                 0 2 2 5   359
  + 7 1 8 0                   0 0 0
    ‾‾‾‾‾‾‾
    8 9 7 5
```

Veja outro exemplo:

```
      C D U                UM C D U
      7 2 1                 2 3 0 7 2 | 32
  ×     3 2                 0 0 6 7   ‾‾‾‾‾
    1 4 4 2                   0 3 2     721
  + 2 1 6 3 0                   0 0
    ‾‾‾‾‾‾‾‾‾
    2 3 0 7 2
```

Prova real da divisão

```
   UM C D U                      C D U
    7 1 5 4 | 49                 1 4 6
    2 2 5   ‾‾‾‾‾             ×    4 9
    0 2 9 4   146               1 3 1 4
      0 0 0                   + 5 8 4 0
                                ‾‾‾‾‾‾‾
                                7 1 5 4
```

Veja agora este exemplo:

```
   UM C D U                   UM C D U
    6 8 4 0 | 24                  2 8 5
    2 0 4   ‾‾‾‾‾             ×     2 4
    0 1 2 0   285                1 1 4 0
      0 0 0                   + 5 7 0 0
                                ‾‾‾‾‾‾‾‾‾
                                6 8 4 0
```

Atividade

1) Arme, efetue e tire a prova real.

a) 18 444 ÷ 53 =

b) 28 196 ÷ 28 =

c) 213 × 132 =

d) 4 798 × 85 =

Educação financeira

Chegou o Natal! É hora de abrir os cofrinhos e contar as economias. Malu e Tito juntaram R$ 570,00 e compraram presentes para crianças carentes. Juntos eles compraram 120 presentes de mesmo valor.
Faça o cálculo e descubra quanto custou cada presente.

Resposta: _____

Atividade

1 Arme, efetue e tire a prova real.

a) 22 140 ÷ 270 =

b) 35 784 ÷ 284 =

c) 75 789 ÷ 189 =

d) 59 712 ÷ 192 =

Problemas de divisão

Atividades

1 Em uma indústria foram engarrafadas 1674 embalagens de azeite. No depósito, 68 garrafas quebraram. O restante foi dividido em 22 caixas. Quantas garrafas couberam em cada caixa?

Resposta: _____

2 O pai de Malu comprou um automóvel no valor de R$ 30.672,00 em prestações de 852 reais. Calcule em quantas parcelas ele pagará esse veículo.

Resposta: _____

3 No pátio de uma montadora estão estacionados 3014 veículos, que serão distribuídos em 137 lojas da região. Quantos veículos cada loja receberá?

Resposta: _____

4) Uma fábrica de brinquedos doou 640 brinquedos para 16 creches. Quantos brinquedos recebeu cada creche?

Resposta: _____

5) Uma geladeira custou R$ 2.424,00 e será paga em 12 parcelas. Qual é o valor de cada parcela?

Resposta: _____

6) Na árvore de Natal do *shopping* havia 6 510 bolas coloridas que foram guardadas em 62 caixas. Quantas bolas couberam em cada caixa?

Resposta: _____

Material Dourado

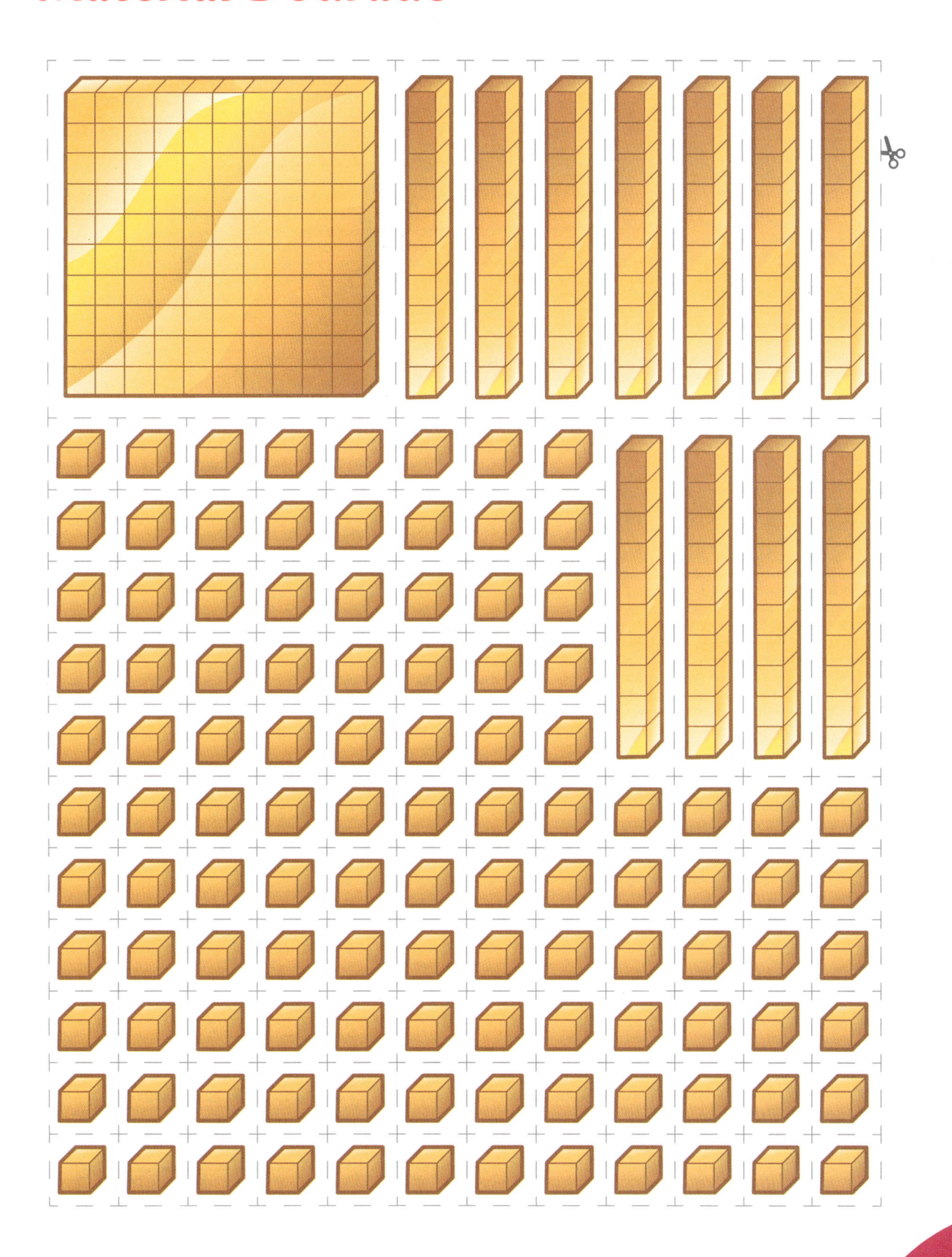

Tabuada

COLAR

Material Dourado

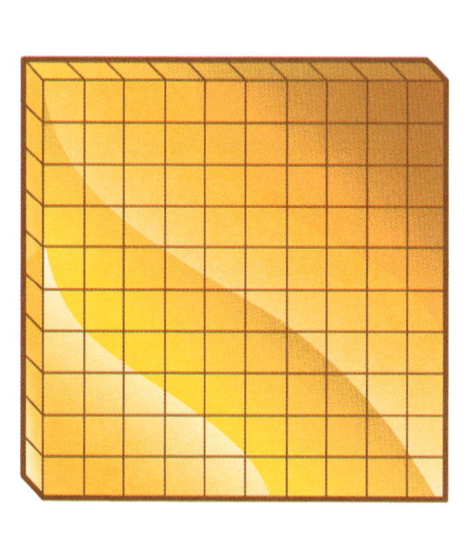

COLAR

Tabuada 63